BEI GRIN MACHT SICH IHR WISSEN BEZAHLT

AF148977

- Wir veröffentlichen Ihre Hausarbeit,
  Bachelor- und Masterarbeit

- Ihr eigenes eBook und Buch -
  weltweit in allen wichtigen Shops

- Verdienen Sie an jedem Verkauf

Jetzt bei www.GRIN.com hochladen und kostenlos publizieren

Bibliografische Information der Deutschen Nationalbibliothek:

Die Deutsche Bibliothek verzeichnet diese Publikation in der Deutschen National-
bibliografie; detaillierte bibliografische Daten sind im Internet über http://dnb.d-
nb.de/ abrufbar.

Dieses Werk sowie alle darin enthaltenen einzelnen Beiträge und Abbildungen
sind urheberrechtlich geschützt. Jede Verwertung, die nicht ausdrücklich vom
Urheberrechtsschutz zugelassen ist, bedarf der vorherigen Zustimmung des Verla-
ges. Das gilt insbesondere für Vervielfältigungen, Bearbeitungen, Übersetzungen,
Mikroverfilmungen, Auswertungen durch Datenbanken und für die Einspeicherung
und Verarbeitung in elektronische Systeme. Alle Rechte, auch die des auszugsweisen
Nachdrucks, der fotomechanischen Wiedergabe (einschließlich Mikrokopie) sowie
der Auswertung durch Datenbanken oder ähnliche Einrichtungen, vorbehalten.

Impressum:

Copyright © 2003 GRIN Verlag, Open Publishing GmbH
Druck und Bindung: Books on Demand GmbH, Norderstedt Germany
ISBN: 9783638944557

Dieses Buch bei GRIN:

http://www.grin.com/de/e-book/11803/planung-von-schutzgebieten-allgemeine-
aspekte-habitat-inseln-sloss

Mira Fels

Planung von Schutzgebieten: Allgemeine Aspekte & Habitat-Inseln: SLOSS

GRIN Verlag

GRIN - Your knowledge has value

Der GRIN Verlag publiziert seit 1998 wissenschaftliche Arbeiten von Studenten, Hochschullehrern und anderen Akademikern als eBook und gedrucktes Buch. Die Verlagswebsite www.grin.com ist die ideale Plattform zur Veröffentlichung von Hausarbeiten, Abschlussarbeiten, wissenschaftlichen Aufsätzen, Dissertationen und Fachbüchern.

Besuchen Sie uns im Internet:

http://www.grin.com/

http://www.facebook.com/grincom

http://www.twitter.com/grin_com

Planung von Schutzgebieten: Allgemeine Aspekte & Habitat-Inseln: SLOSS

von

Mira Fels

Universität Hamburg

Wintersemester 2002/03

Fachbereich Biologie

Seminar: „Biologische Grundlagen des Naturschutzes"

Habitat-Inseln: „SLOSS"
Planung von Schutzgebieten:
Allgemeine Aspekte

Hausarbeit vorgelegt von:

Mira Fels

Nebenfachstudierende Naturschutz

Hauptfach: Ethnologie

Inhaltsverzeichnis

1. Einleitung

Meine Arbeit beschäftigt sich mit den allgemeinen Kriterien bei der Planung eines Naturschutzgebietes. Zunächst werde ich die Inseltheorie vorstellen und in diesem Zusammenhang auch auf die „SLOSS"-Debatte eingehen. Im zweiten Teil werde ich Konsequenzen aus der Inseltheorie für den Naturschutz ableiten. Daraufhin beschäftige ich mich mit der Teilsiedler-Problematik, um danach aus den bisher beschriebenen Theorien allgemeine Kriterien für die Planung von Naturschutzgebieten herzuleiten. Um Reservate zu planen und zu erhalten ist aber auch die Zusammenarbeit mit den Anwohnern wichtig, weshalb ich hier kurz auf die Einrichtung von Pufferzonen um Schutzgebiete eingehe. Allgemeine Empfehlungen für die Praxis folgen. Im nächsten Abschnitt wird die Regenerationsfähigkeit von Biotopen diskutiert, um schließlich im nächsten Teil auf sinnvolle Biotopgestaltungs-, Entwicklungs- und Pflegemaßnahmen einzugehen. Am Ende stelle ich noch die Kritik an den Theorien des Gleichgewichts, zu der auch die Inseltheorie gehört, vor und leite über zu einer alternativen neuen Theorie: The Flux of Nature.

2. Inseln

* Verinselung der Landschaft
Gerade in Mitteleuropa findet man das Phänomen der „Verinselung der Landschaft": Tiere und Pflanzen werden in isolierte Gebiete zurückgedrängt. Diese Biotope bezeichnet Blab als „Inseln im Meer der intensiv genutzten, besiedlungsfeindlichen Kulturlandschaft". Die Verringerung und Zerstückelung des Lebensraumes führt dazu, dass gerade seltene und spezialisierte Arten mit einem geringen Toleranzfaktor gegenüber veränderten Umweltbedingungn immer mehr in Bedrängnis geraten. Euryöke Arten, sogenannte Generalisten, sind weniger bedroht. In den einzelnen Lebensräumen findet man oft nur noch kleine Populationen, die genetisch isoliert sind, was unter anderem zu Inzucht, gestörten Dominanzstrukturen und einem Spezialistenmangel führt. (Blab, S.16)

* Theorie des Gleichgewichts
Die Theorien des Gleichgewichts gehen davon aus, das Biotope natürlicherweise ein System im Gleichgewicht ausbilden und erhalten. Die Theorie der dichteabhängigen Regulation der Größe einer Population, und die Theorie der Klimaxbiotope als zwangsläufige Folge einer Sukzession gehören dazu. Ebenso die Inseltheorie, die im folgenden vorgestellt werden soll. (Weddell, S.301-315)

* Inseltheorie
Die Inseltheorie geht auf eine Studie zur Biogeographie von Meeresinseln zurück, die MacArthur und Wilson 1967 durchführten. Laut Primack und Shafer sind die Grundthesen der Inseltheorie auch auf „verinselte" Lebensräume an Land übertragbar, wenn auch nur bedingt, da das Umland für Landtiere nicht so lebensfeindlich ist wie das Meer. Die Theorie geht davon aus, dass auf Inseln ein dynamisches Artengleichgewicht herrscht, also Tiere aussterben und gleichzeitig neue zuwandern, während es in großräumigen Biotopen eher gleichbleibende Artenbestände gibt.
Die Flächengröße und die Aussterberate der Arten sind negativ korreliert, also sterben umso mehr Arten aus, je kleiner die Insel ist. Dies liegt daran, dass in kleineren Biotopen und bei kleinen Populationen natürliche Schwankungen im Ressourcenangebot oder der Nachkommenzahl schneller zum Aussterben führen. Ausserdem ist die Zuwanderungsrate von Arten mit der räumlichen Distanz zu gleichartigen Lebensräumen negativ korreliert. Je größer also die Entfernung zu gleichartigen Biotopen ist, desto weniger Zuwanderung findet statt.

Da vom feindlichen Umland her negative Einflüsse auf das Ökosystem einwirken können, ist es empfehlenswert, ein Schutzgebiet möglichst rund anzulegen, da es dann die geringste Randfläche aufweist. (Blab, S.16 +17, Primack S.403 + 404)

- Flächengrösse / „SLOSS"-Debatte

Aus der Inseltheorie ergibt sich, dass möglichst großflächige Siedlungsinseln geschützt werden sollten, um individuenstarke Populationen zu erhalten, die Ressourcenschwankungen und Variation in der Nachkommenzahl verkraften. (Blab, S.17-19)

Dies ist im Naturschutz jedoch keineswegs unumstritten. Die Diskussion darüber, ob ein einziges großes (Single Large) oder mehrere kleine (Several Small) Schutzgebiete besser seien, ist unter dem Namen „SLOSS"-Debatte (simple large or several small) anzufinden.

Außer den oben angeführten Argumenten spricht für ein großes Schutzgebiet noch, dass es mehr Arten beherbergt, verhältnismässig weniger Randfläche aufweist, verschiedene Habitate in einem Gebiet schützt, so die Biotopvielfalt erhält und auch Arten mit einem großen Aktionsradius schützen kann.

Die Gegner mehrer kleiner Reservate führen ausserdem an, kleine Schutzgebiete könnten langfristig die Arten nicht erhalten, da die Populationen zu klein sind. Aber auch die Befürworter mehrerer kleiner Reservate führen gute Gründe an. Gut gewählte kleine Reservate können insgesamt mehr verschiedene Biotope und Arten schützen als ein einziges großes in nur einem Gebiet. Zum Beispiel beherbergen die drei Nationalparks Big Bend in Texas, North Cascades in Washington und Redwoods in Kalifornien insgesamt mehr Säugetierarten als der Yellowstone-Park, der aber größer als die anderen Parks zusammen ist. (Beispiel aus Primack, S.408) Ab einer bestimmten Parkgröße nimmt zudem die Zahl der hinzugewonnenen Arten ab, also wäre es sinnvoller, einen zweiten Park in einiger Entfernung zu gründen, um zusätzliche Arten zu schützen.

Auch sind die Arten besser gegen Katastrophen geschützt, wenn sie in verschiedenen Reservaten leben, da beispielsweise ein Schädling in einem Reservat nicht gleich die ganze Art bedroht.

Grundsätzlich sollte man wohl in jedem Fall aufgrund der vorliegenden Bedingungen entscheiden, was sinnvoller ist. Bei kleinen Biotopen wie beispielsweise Gewässern sollte eine bessere Vernetzung angestrebt werden, nicht ein ausgedehnter See. In Südafrika kommen in der Provinz Kapflora aussergewöhnliche viele seltene, endemische Arten vor. Unter anderem 53 Proteenarten, von denen je nur noch ein bis zwei Populationen vorhanden sind. Ein großes Schutzgebiet könnte hier nicht alle der Blumen schützen, mehrere kleine Schutzgebiete sind sinnvoller. (Beispiel aus Primack, S.409) (Primack, S.406-409)

- Isolationsgrad

Aus der Inseltheorie lässt sich ausserdem ableiten, dass bei der Planung von Schutzgebieten eine möglichst geringe Entfernung zu gleichartigen Biotopen wünschenswert ist, da aus diesen benachbarten Gebieten biotopspezifische Spezialisten einwandern können.

3. Konsequenzen der Inseltheorie

- Bestimmung der Flächengröße

Verschiedene Größen und Verfahren sind wichtig zum Bestimmen der Flächengröße für ein Reservat.

- Das „Minimalareal eines Biotops" bezeichnet den kleinsten Raum, in dem die charakteristische Habitatausstattung vorkommen kann.

- Mikroklimamessungen helfen herauszufinden, ob das Biotop z.B. für den Laufkäfer geeignet ist.
- Aktionsstrecken bezeichnen z.b. die Flugstrecke für Insekten oder die Laufstrecke für aktive Käfer (oft mehrere Kilometer) und können helfen, die Mindestgröße des Reservats festzulegen.
- Arten-Flächen-Kurven zeigen, wieviel Fläche eine Art braucht, um überlebensfähige Metapopulationen zu erhalten. Die anspruchsvollste biotopspezifische Art sollte immer als Zeigerart verwendet werden. Auch auch Studien zur Populationsdynamik sollten einbezogen werden.
Bei Wirbeltieren beispielsweise sollte eine Population mindestens mehrere hundert Tiere umfassen, besser sind mehrere Tausend. (Beispiel: Primack, S.411)
Ein Brutpaar des Brachvogels beispielsweise braucht 7 bis 38 Hektar. In Bayern besetzt ein Paar im Schnitt 20 Hektar. Es reicht, wenn dies ein Gebiet mit überwiegendem Grünlandanteil ist, dass einige größere optimale Kernzonen enthält. Die Mindestflächenanforderung für Wiesenvögel-Population liegt für Hauptzentren bei 500 Hektar, denn die einzenlnen Paare bilden jeweils Reviere, sie stehen in Konkurenz zur Uferschnepfe und eingerechnet werden müssen auch Pufferzonen. Trotzdem sind auch wenige Brutpaare schutzwürdig. (Beispiel aus Blab, S. 117+118)
Bei isolierten Reservaten kann man einzelne Tiere in die Zuchtpopulation eines anderen Reservats einführen, um genetischer Verarmung vorzubeugen. Vorsichtig muss man jedoch bei langen Transporten sein. Auch die genetische Kompatibilität ist wichtig. (Beispiel: Primack, S.411)
Das Ziel sollte sein, ein Mehrfaches der Mindestfläche als Schutzgebiet inmitten von flächenhaften Mangelbiotopen auszuweisen. Auch Randeffekte, die Lebensfeindlichkeit der Umgebung und verhaltenskundliche Aspekte wie beispielsweise die Fluchtdistanz der Wasservögel sollten bei der Planung beachtet werden. (Blab S.18+19)

4. Teilsiedler-Problematik

Auch die Teilsiedler-Problematik muss bei der Planung von Schutzgebieten beachtet werden. Teilsiedler-Arten haben eine differenzierte Biotopbildung, wie etwa Amphibien. Ihr Jahreslebensraum umfasst das Winterquartier, den Laichplatz und ein Sommerquartier. Um Amphibien zu schützen, muss ein Verbundsystem von Jahreslebensräumen unter Schutz gestellt werden, um auch den Genfluss zwischen benachbarten Populationen sicherzustellen. Dieser Genaustausch durch intrapoläre Wanderungen der Jungtiere ist sehr wichtig, da adulte Tiere eine starke Gewässerbindung haben.
Am besten kartiert man für benachbarte Populationen, also je alle Tiere, die den gleichen Laichplatz aufsuchen die Sommer- und Winterquartiere.
Teilsiedler sind z.B. auch 22 verschiedene Fledermausarten in Deutschland, die zwischen dem Winterquartier, der Wochenstube, dem Jagdbiotop und eventuellen Zwischenquartieren wandern, aber auch Tagfalter und Gänse wandern. Um Gänse zu schützen ist deshalb auch eine länderübergreifende Zusammenarbeit notwendig. (Blab, S.19-25)

5. Konsequenzen der Inseltheorie & Teilsiedler-Problematik

- Kriterien für die Planung von Schutzgebieten
1. Die Flächengröße für zu schützende Biotope sollte möglichst so gewählt werden, dass die Aussterberate Null beträgt, da sich individuenstarke Populationen im Gebiet halten können. Dies erzeugt ausserdem über das Schutzgebiet hinaus einen Siedlungsdruck für Neukolonisation.

2. Die räumliche Vernetzung von Biotopen sollte möglichst so sein, dass Genaustausch zwischen Populationen stattfinden kann. Dies ist besonders wichtig für K-Strategen mit geringer Ausbreitungsdynamik und Vermehrungsrate. Die problematischste Art gilt auch hier als Zeigerart.
3. Wo eine hinreichende Vernetzung nicht möglich ist, können beispielsweise Trittsteinbiotope oder Biotopkorridore eingerichtet werden, um den Tieren das Wandern zu erleichtern.
4. Die Schadeinflüsse aus der Umgebung sollten so gering wie möglich gehalten werden.
5. Biotope sollten möglichst rund sein, da sie dann weniger Randzone aufweisen.
6. Teillebensräume, die für Teilsiedler-Arten wichtig sind, sollten angemessen vernetzt sein.
7. Zu beachten ist ausserdem der allgemeine Landschaftscharakter und das Umland. (Zum Beispiel geht eine Zwergdommel nicht an einen Weiher im Wald. Die Beschattung durch Bäume unterdückt Schilfwuchs und beeinflusst das Wasserklima und die Wassertemperatur. Bäume und menschliche Bauten am Ufer beeinflussen die Fluchtdistanz von Wasservögeln. (Blab, S.26+27)

• Schutz einer Art(engruppe)
Für den Schutz einer Artengruppe sind bestimmte Kriterien zu beachten:
1. Die Kritische Biotopqualität ist die qualitative Mindestausstattung für eine Art(engruppe)
2. Die Kritische Flächengröße bezeichnet die Mindestgröße für die biotopspezifische Art, die am meisten Fläche beansprucht.
3. Die notwendige Vernetzung der Teillebensräume bei Arten mit differenzierter Biotopbildung
4. Die maximal zulässige Distanz zu gleichartigen Biotopen bestimmt die räumliche Vernetzung.
5. Die Gefährdungsfaktoren ergeben sich insbesondere durch die Lebensfeindlichkeit der Umgebung.
6. Effizienzkontrollen sind notwendig, um die Reaktionen auf Schutz und Pflege zu untersuchen.
Besonders wichtig sind Erfassungs-/Kartierungsprogramme und anwendungsorientierte ökologische Studien, von denen es noch zu wenige gibt. (Blab, S.8)

• „Men and Biosphere": Pufferzonen
Menschen sind seit tausenden von Jahren ein Teil der Ökosysteme, oft würde die Aufgabe traditioneller Anbau- und Umweltgestaltungsmassnahmen, Biotop- und Artenverluste zur Folge haben. So enstehen beispielsweise Savannen durch Feuer und auch Feuchtwiesen enstehen durch menschlichen Einfluss. Menschen, die keinen Zugang mehr zu von ihnen schon lange genutzten Ressourcen haben, werden eine negative Einstellung zum Naturschutz haben und die Schutzmaßnahmen durch Wilderei und illegale Abholzung beeinträchtigen.
Die UNESCO hat unter der Überschrift „Men and Biosphere" einen möglichen Lösungsansatz entwickelt. Er sieht vor, um die Naturschutzkernzone herum, in der die Natur ungestört bleibt, eine Pufferzone einzurichten, in der tradionelle menschliche Aktivitäten erlaubt sind, aber eine Umweltüberwachung stattfindet. Auch nichtzerstörerische Forschung soll hier erlaubt sein. In der dritten, äußersten Zone, der sogenannten Übergangszone soll eine harmonische Kulturlandschaft entstehen und auch experimentelle Forschung erlaubt sein.
Die wachsende Weltbevölkerung wird eine wachsende Beanspruchung der Ressourcen nach sich ziehen, eine Naturschutzplanung, die die Menschen einbezieht und nachhaltige Entwicklung gehören deshalb zusammen! (Primack, S.419-421)

6. Allgemeine Empfehlungen für die Praxis

- Klassifizierung und Bewertung von Biotopen
Biotope lassen sich in drei Hauptkategorien unterteilen:
- flächige Großökosysteme (Wiesen, Wälder, Äcker, große Gewässer) mit
Kleinstrukturen
- kleinflächige/punktuelle Lebensstätten (Schilf, Erdaufschluss,
Fledermauswochenstuben)
- linienartige Elemente (Hecken, Bäche)
Wichtig sind aber auch Rand- und Übergangsgebiete wie Waldrand oder Flußufer.
(Blab, S. 10-14)

- Vorgehen
Man sollte zielorientiert und pragmatisch vereinfachen, also zum Beipiel den Schutz
seltener Arten und Biotope besonders hervorheben. Phänomene und
Zusammenhänge müssen auch für Nichtspezialisten verständlich werden.
Zusammenhänge, auch dynamische, können dazu mit kartographischen
Hilfskonstruktionen dargestellt werden. Wichtige Rahmenbedingungen
(beispielsweise die Mindestgröße des Schutzgebiets) kann man anhand der
anspruchsvollsten Zeigerarten festlegen.
Auf technische Hilfe sollte man nur zur Schaffung der Grundbedingungen
zurückgreifen, generell aber auf natürliche Entwicklungsprozesse bauen. Trotzdem
sollten auch halbnatürliche Biotopformen durch traditionelle Nutzung weiterhin
erhalten werden.Die Biotopgestaltung und Pflege sollte sich an ökologischen Zielen
orientieren, aber nicht zu schematisch sein.
Dringend notwendig ist, biologische Probleme wie Raumanspruch,
Mindestpopulationsgröße, ökologische Ansprüche, Ursache-Wirkungs-Ketten für die
verschiedenen Biotope und Arten modellhaft zu erarbeiten. (Blab, S. 8-10)

- Probleme
Leicht faßbare Komponenten hochkomplexer Systeme werden oft überbewertet. Da
keine zwei Biotope jemals gleich sind, werden Vergleiche erschwert. Es ist immer
wichtig, lokale Besonderheiten beachten! Auch Umweltprobleme wie beispielsweise
saurer Regen, Emissionen, Erholungsnutzung müssen berücksichtigt werden.
Bisher kennt man für keine Art die Mindestpopulationsgröße und damit die
Flächengröße, die eine Population benötigt. Es gibt bisher nur Modelle.
Die Spezialisierungen in der Biologie führen dazu, dass zu wenig
gruppenübergreifende Ansätze entsthen. Zudem ist Forschungsstände bei
verschiedenen Arten sehr unterschiedliche und laut Blab selten nutzbar dargestellt.
Noch existiert zu wenige Erfahrungen und Auswertungen in der Biotoppflege.
Flächenschrumpfungen und –zerschneidungen sind ein grundsätzliches Problem.
In den östlichen USA zum Beispiel sind viele Schutzgebiete in der Nähe von Städten
von Straßen, Eisenbahnlinien und Überlandleitungen durchzogen. (Bsp: Primack,
S. 413) (Rest: Blab, S.14-16)

7. Regenerationsfähigkeit von Biotopen

Können die aufwendigen Aktionen tatsächlich dazu beitragen, die kritische
Situation der heimischen Tier- & Pflanzenwelt und negative Entwicklungstrends zu
stoppen?
Die Mehrzahl der Biotope braucht lange Entwicklungszeiträume, potentielle
Zuwandererquellen werden immer weniger, Schadeinflüsse, erwa durch Strassen
werden immer mehr und Bodenprofile sind bereits heute durch Menschen teils
irreversibel geschädigt.

Beispiel für die Entwicklungszeiträume verschiedener Biotope:
- Einjährigengesellschaft (z.b. Ackerwildkrautgesellschaft): 1-4 Jahre
(„Pionierbiotop")
- Vegetation eutropher (überdüngter) Stillgewässer: 8-15 Jahre (nur migrationsfreudige Arten)
- Hecken: Jahrzehnte (mindestens 15 Jahre) bis zur Besiedlung mit neuen Arten
- Magerrasen: z.B. Halbtrockenrasen, der durch intensive Düngung in Fettwiese umgewandelt wurde: Jahrzehnte! Beispiel: Berlin: Ein 140 Jahre alter Schafschwingelrasen beherbergt 40 Pflanzenarten, ein nach dem Krieg neu angelegte Schafschwingelrasen im Tiergarten noch immer nur 20 Pflanzenarten.
- Vegetation oligotropher (nährstoff- und humusarmer) Gewässer: auch wenn Ausbreitungszentren sehr nah sind, nach 20-30 Jahren noch spärlich
- in Felshöhlen haben sich nach 100-200 Jahren noch keine echten Höhlentiere eingesiedelt
- Neuaufforstungen: erst nach Jahrzehnten Waldartengesellschaften (kaum spezifische Insekten in der ersten Baumgeneration)
- Urwaldreste sind in Jahrhunderten nicht wiederherstellbar
- Hochmoore: Torfmächtigkeit von 1 Meter: rund 1000 Jahre
Aufgrund der langen Entwicklungszeiträume sollten man wo möglich, statt Neuaufforstungen alte Wälder schützen oder wiedervernässen etc.
Die Waldarten des Laufkäfers schaffen es auch in 10-20 Jahren nicht, neue Biotope in wenigen 100 Meter Entfernung zu besiedeln. Zusätzliche Wanderbarrieren wie Strassen erschweren die Verbreitung. Das gilt aber nicht für ausbreitungsfreudige Arten wie Vögel, Insekten, Spinnen, Wanderfalter, Libellen, Großsäuger oder Biotope temporärer Natur wie Tümpel oder Lößwände. (Blab, S.27-30)

8. Biotopgestaltung und Pflege

Jede Maßnahme fördert bestmmte Arten und benachteiligt andere, deswegen ist vor Eingreifungen immer zuerst eine ökologische Analyse, Güterabwägung und sorgfältige Planung nötig.

• Standort
Wegen der geringen Regenerierbarkeit sollte man alles daran setzen, den jetzigen Bestand seltener und gefährdeter Biotope zu erhalten. Halbnatürliche Biotope wie Feuchtwiesen bedürfen kontinuierlicher Pflege. Auch bescheidenen Gelegenheiten denaturierte Landschaft wie Abgrabungsgebiete, intensiv genutzte Agrarlandschaft, Altersklassenforste etc. zu sanieren beziehungsweise landschaftsstypische Biotope neu zu schaffen, sollten wahrgenommen werden. Allerdings sollten nur landschaftsökologisch in die Natur passende Biotope angelegt werden. Je naturnäher die Region ist, desto mehr muss man sich bemühen: nichts zu zerstören. (Blab, S. 30+31)
Statt viele kleine Naturschutzgebiete unabhängig zu managen, sollte man lieber alle Schutzgebiete in einem Raum gemeinsam verwalten, und auch private Landbesitzer, Äcker, Forste und Weideland in die Planung miteinbeziehen. Die Erhaltung der ökologischen Vielfalt ist das Ziel. (Primack, S.414)

• Nachbarschaftsaspekte
Sehr wichtig ist das Vorhandensein geeigneter Biotope in der Nachbarschaft, als Ausbreitungszentren für eine Neubesiedlung durch Biotopspezialisten. Dies ist ein zentrales Problem des Naturschutzes, da immer weniger natürliche Biotope vorhanden sind. Es empfiehlt sich daher die Neuanlage von Biotopen besonders auf intensiv land- und forstwirtschaftlich genutztem Flächen in enger Nachbarschaft zu naturnahen Bereichen. (Blab, S.31+32)

- Biotopkorridore

Biotopkorridore sind schmale Biotopstreifen zwischen Schutzgebieten, die eingerichtet werden, um Genfluss und Neubesiedlung zu erleichtern. Auch zur Erhaltung wandernder Arten ist die Einrichtung solcher Korridore sinnvoll, die besonders erfolgreich sind, wenn sie sich an natürlichen Wanderrouten oder Flüssen orientieren. Mögliche Nachteile sind die Ausbreitungen von Schädlingen, Krankheiten und das erhöhte Feindrisiko in den Korridoren.

In Tansania wandern Huftiere, besonders Gnus und Zebras jahreszeitlich vom Tarangire-Nationalpark zum Lake-Manyara-Nationalprak und zertrampeln dabei die Felder der Massai. Ein Korridor entlang der Wanderrouten mit Barrieren und Entschädigungszahlungen an die Bauern sind nun geplant. Die Massai dürfen aus dem Reservat wie traditionell Ressourcen entnehmen (Primack, S.415-418) Eine Alternative zu Korridoren sind kleine „Trittsteinbiotope" zwischen Naturschutzgebieten.

- planvolles Vorgehen

Bau, Pflege- und Entwicklungsmaßnahmen sollten am Bedarf möglichst vieler biotoptypischer Arten ausgerichtet werden, wobei Kenntnisse über die Ökologie der Arten, die Verbreitung von Lebensgemeinschaften, Nahrung, Fortpflanzung, tägliche und jährliche Wanderungen, Feinde, Konkurrenten, Krankheiten und Schädlinge nötig sind (Primack, S.411). Der Schutz sollte sich nicht nur auf eine Organismengruppe wie Vögel oder gar eine einzige Art beschränken. (Blab, S.32)

- Flaggschiffarten

Die Erhaltung des Lebensraumes großer „Flaggschiffarten", wie zum Beipiel der Elefanten und Löwen in Ostafrika schützt aber auch dort lebende Vögel-, Insekten- und Pflanzenarten. (PRIMACK, S.411)

9. Neuer Gesichtspunkt

- Kritik an den Theorien des Gleichgewichts

Die Umwelt ist nicht im Gleichgewicht, sondern ständigem Wandel unterworfen: Arten entstehen und sterben aus, Kotinente driften, Berge enstehen, Meeresspiegel ändern sich, das Klima ändert sich

Jeder Ort hat seine eigene Geschichte natürlicher „Störungen", die jeweils bestimmte Landschaften erzeugten. Die Savanne im Serengeti-Park beispielsweise entstand nur, weil die Rinder um 1900 durch einen Schädling dezimiert waren. Heute gibt es wieder Rinder, die junge Bäume niedergetrampeln, die Landschaft reproduziert sich also nicht so wie sie vorher war. In Südengland starb der „large blue butterfly" aus, als man ein Reservat für ihn gründete, aus dem Kräutersammelnde ausgeschlossen wurden, da das Gras zu hoch wuchs. Im Mettler's Woods, einem alten Eichenwald in New York wachsen mittlerweile andere Baumarten, da man Störungen ausschloss, um ihn zu schützen. Untersuchungen ergaben jetzt, dass es dort früher etwa alle 10 Jahre einmal gebrannt hatte und die Eichen Brände am besten überstanden.

Die dichteabhängige Regulation von Populationen reicht als Theorie nicht mehr aus, um die Entwicklung von Populationen vorherzusagen, denn zu viele andere Faktoren sind auch wichtig, beispielsweise Umwelteinflüsse. In Tansania stellte man beispielsweise fest, dass die Nachkommenzahl der Ratte auch mit dem dichteunabhängigen Faktor Regen zusammenhängt und die „Northern Fur" Robben aufgrund von Umweltgiften sterben.

Klimaxpopulationen gibt es laut Weddell nicht, die Artengemeinschaften sind in ständigem Wandel in ihrer Kompostion und nicht stabil. 1970 erkannten Ökologen, dass in vielen Ökosystemen natürliche „Störungen", wie z.B. Feuer eine entscheidende Rolle für den Erhalt des Biotops und der Arten innehaben, so dass niemals ein stabiler Klimax erreicht wird. Daten über tropische Riffe & Regenwald legen ausserdem nahe, dass die Diversität ohne Störungen abnimmt. Um Ökosysteme zu erhalten, werden auch heute traditionelle Bewirtschaftungsweisen aufrecht erhalten

Auch die Inseltheorie ist anzweifelbar: halten Aussterben und Zuwandern der Arten tatsächlich ein dynamisches Gleichgewicht auf Inseln? Dafür gibt es zu wenige Evidenz. Es ist auch nicht besonders sinnvoll zu sagen: „Lieber ein größeres Reservat, wenn alles andere gleich ist", da „alles andere" niemals gleich ist. Ganz allgemein müssen immer die Spezifika der Region, und die Dynamiken der Metapopulationen genau untersucht werden, statt schematisch vorzugehen.

- Flux of Nature (Theorie des Wandels)

Die „Flux of Nature"-Theorie besagt:

1) Ökosysteme sind in der Regel im Wandel, nicht im Gleichgewicht.

2) Störungen sind weitverbreitet und üblich (grasen, graben, trampeln, Feuer, Fluten, Stürme).

3) Ökosysteme sind offen, ganze Landschaften müssen in den Artenschutz einbezogen werden.

Pickett et al, 1992: „Human-generated changes must be constrained because nature has functional, historical and evolutionary limits. Nature has a range of ways to be, but there are limits to those ways, and therefore, human changes must be within those limits."

4) Komplexe Habitat (auch zeitlich, z.b. verschiedene Regenmengen) sind wichtig, Landschaften sollten nicht vereinheitlicht werden (beispielsweise durch Dämme, Flussbegradigungen, Baumplantagen, Feuervermeidung etc.)

5) Vereinfachungen und Schemata gelten nur für eng begrenzte Räume und Zeiträume

Pickett et al, 1992: „natural systems...have many states or `ways to be´ and many ways to arrive at those states"

6) Viele Stadien, von denen man einst dachte, sie seien natürlich, gehen auf direkten oder indirekten menschlichen Einfluss zurück, das muss genauer untersucht werden.

Forderungen:

1. Prozesse schützen, nicht nur Arten oder Landstücke. (Prozessschutz)

2. Den geographischen Kontext, in dem die Prozesse stattfinden, schützen

3. Menschen müssen als Elemente des Ökosystems miteinbezogen werden, zum Beispiel durch „nachhaltige Nutzung", von der Anwohner profitieren, indem man Anwohner und nicht Konzerne an den Medikamentenwirkstofferträgen aus dem Regenwald beteiligt, durch Ökotourismus und integrierte Naturschutz- und Entwicklungshilfemaßnahmen.

Ecologist Judy Meyer 1997: „Conservation is essentially management of human activity in the landscape, so to ignore the societal context for conservation efforts is to invite failure"

(Weddel, S.301-322)

10. Bibliographie

- Blab, Josef „Grundlagen des Biotopschutzes für Tiere", Neubearbeitung Bonn-Bad Godesberg 1986, Originalfassung 1984, KILDA-Verlag
- Primack, R.B. „Naturschutzbiologie", Heidelberg 1995
  Spektrum akademischer Verlag
- Weddell, Bertie Josephson „Conserving Livinig Natural Resources in the context of a changing world", Cambridge 2002, Cambridge University Press